U0256635

1950 年，中国科学院决定在前中央研究院地质研究所及前中央地质调查所等机构的古生物室（组）的基础上，筹建中国科学院古生物研究所。

1951 年，中国科学院古生物研究所正式成立。

1959 年，更名为中国科学院地质古生物研究所。

1971 年，更为现名——中国科学院南京地质古生物研究所，简称南古所。

中國科學院生物研究所

國立中央研究院地質研究所

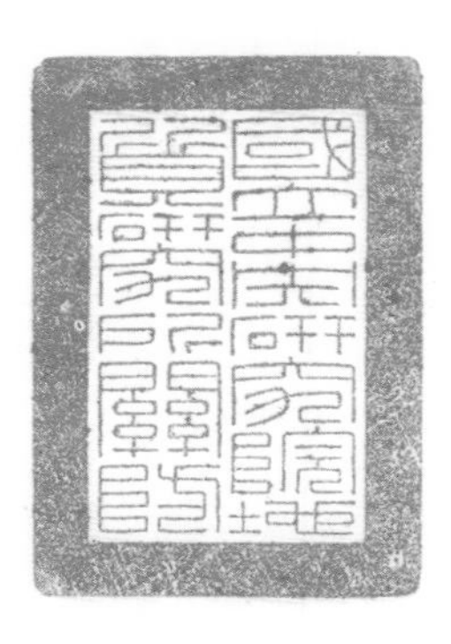

春

南古

夏　　冬

手账

秋

傅　强　徐洪河

/编

中国科学大学技术出版社

现代古生物学和地层学国家重点实验室
提供资助

图书在版编目（CIP）数据

南古手账 / 傅强，徐洪河编 . — 合肥：中国科学技术大学出版社，2018.7

ISBN 978-7-312-04518-9

Ⅰ . 南… Ⅱ . ①傅… ②徐… Ⅲ . ①地层学—研究所—概况—南京 ②古生物学—研究所—概况—南京 Ⅳ . ① P535.253.1 ② Q911.725.31

中国版本图书馆 CIP 数据核字（2018）第 145309 号

策划编辑：高哲峰
责任编辑：高哲峰
责任印制：张 灿
装帧设计：黄 彦
摄 影：傅 强

中国科学技术大学出版社出版发行
安徽省合肥市金寨路 96 号，230026
http://press.ustc.edu.cn https://zgkxjsdxcbs.tmall.com
安徽国文彩印有限公司印刷
全国新华书店经销
开本：787mm × 1092mm 1/32 印张：9 字数：62 千
2018 年 7 月第 1 版 2018 年 7 月第 1 次印刷
定价：59.00 元

古

院

深

深

To see the world in a grain of sand,

（一沙一世界）

And heaven in a wild flower,

（一花一天堂）

Hold infinity in the palm of your hand,

（握无穷于掌）

And eternity in an hour.

（刹那即永恒）

这是英国浪漫主义诗人威廉·布莱克（William Blake, 1757–1827）写下的诗句，与佛经中的“一花一世界，一叶一如来”具有异曲同工之妙。

在龙蟠虎踞的古都南京，玄武湖畔，鸡笼山下，坐落着一处幽静的院落。院内古树参天、建筑巍峨，与车水马龙的院外形成了鲜明的对比。

这里是民国时期中央研究院的旧址，如今是中国科学院南京地质古生物研究所所在地。自上个世纪20年代开始，这里就是科学研究的圣地，历经将近百年的风风雨雨，人来了又去，去了又来，始终不变的是对科学精神的传承。

这个占地仅68.3亩的小院见证了时代的风云变幻，也见证了自然科学在中国的发展和壮大，更见证了古生物学一步步走向辉煌。中国科学院南京地质古生物研究所成立六十多年来，经过几代科学家的努力，目前已成为门类齐全、科研力量雄厚、成果丰硕的地层古生物学综合研究中心。

见微知著是科学精神的体现。一朵花、一片石，均蕴含着大自然无尽的奥秘。无论你是匆匆的来访者，还是在此潜心工作的学者，步入南古所，就步入了一个与生命历史相连接的地方，让人浮想联翩：恣意生长的花花草草，是生命亿万年演化的成果；安安静静的每一块化石，都是生命历史的见证。

小小的院落缤纷多彩，在这里，看花，观石，远离喧嚣，体会生命之美，记录美好的时光，伴随小院而成长。

北京东路与鸡鸣寺路交会处的这个不起眼的小门内，就是被誉为“世界三大古生物学研究中心之一”的中国科学院南京地质古生物研究所所在地。

南古春来

暖风吹拂，樱花开了、白玉兰开了、紫玉兰也开了，二月兰开了、迎春花开了、海棠花也开了，春到南古。院外的鸡鸣寺路热闹了起来，熙熙攘攘的赏花者将道路变成了市场，一墙之隔，院内却一如既往地安静祥和。

春

1

周一

周二

周三

周四

周五

周六

周日

南
春
古

Jasminum nudiflorum

迎春

木犀科素馨属落叶灌木，花单生在上年生的枝条上，花期2－4月，先于叶开放。迎春花与梅花、水仙和山茶花统称为“雪中四友”，是中国常见的花卉之一。

金英翠萼春带寒，黄色花中有几般？

凭君与向游人道，莫作蔓菁花眼看。

——唐·白居易《玩迎春花赠杨郎中》

覆阑纤弱绿条长，带雪冲寒折嫩黄。

迎得春来非自足，百花千卉共芬芳。

——宋·韩琦《迎春》

2

周一

周二

周三

周四

周五

周六

周日

南
春
古

Orychophragmus violaceus

诸葛菜

十字花科诸葛菜属一年或二年生草本植物，传说诸葛亮率军出征时曾采嫩梢为菜，故得名。又因农历二月前后开始开蓝紫色花，故亦称二月兰。

季羡林在散文《二月兰》中写道："转眼，不知怎样一来，整个燕园竟成了二月兰的天下。

"二月兰是一种常见的野花。花朵不大，紫白相间。花形和颜色都没有什么特异之处。如果只有一两棵，在百花丛中，决不会引起任何人的注意。但是它却以多胜，每到春天，和风一吹拂，便绽开了小花；最初只有一朵，两朵，几朵。但是一转眼，在一夜间，就能变成百朵，千朵，万朵。大有凌驾百花之上的势头了。

"我在燕园里已经住了四十多年。最初我并没有特别注意到这种小花。直到前年，也许正是二月兰开花的大年，我蓦地发现，从我住的楼旁小土山开始，走遍了全园，眼光所到之处，无不有二月兰在。宅旁，篱下，林中，山头，土坡，湖边，只要有空隙的地方，都是一团紫气，间以白雾，小花开得淋漓尽致，气势非凡，紫气直冲云霄，连宇宙都仿佛变成紫色的了。"

3

周一

周二

周三

周四

周五

周六

周日

南
春
古

Magnolia

紫玉兰

木兰科木兰属落叶灌木，又名辛夷，其花初出时尖如笔椎，故又称木笔。紫玉兰为中国特有植物，花期 3 – 4 月，花朵艳丽怡人，芳香淡雅，树形婀娜，枝繁花茂，是优良的庭园、街道绿化植物，也是具有 2000 多年历史的传统观赏花卉和中药。

木末芙蓉花，山中发红萼。
涧户寂无人，纷纷开且落。
——唐·王维《辛夷坞》
5mm×5mm

4

周一

周二

周三

周四

周五

周六

周日

南
春
古

Michelia alba

白玉兰

木兰科玉兰属落叶乔木，为中国著名的花木，北方早春重要的观花树木，原产于中国中部山野中，有 2500 年左右的栽培历史，现为世界各地庭园常见栽培植物。

翠条多力引风长，点破银花玉雪香。
韵友自知人意好，隔帘轻解白霓裳。
——明·沈周《题玉兰》
5mm×5mm

5

周一

周二

周三

周四

周五

周六

周日

6

周一

周二

周三

周四

周五

周六

周日

南
春
古

silicified wood

硅化木

树干化石，由二氧化硅取代树木原有细胞、组织而成，树干的细胞、组织及年轮清晰可见，该硅化木形成年代距今 200–100 万年。

7

周一

周二

周三

周四

周五

周六

周日

老鸦瓣

Tulipa edulis

百合科郁金香属多年生纤弱草本植物，又名山慈姑，生于阳光充足的山坡或杂草丛中，早春开花。

院子里到处可以感受到远古生物的气息，路边栏杆上巧手的工匠用铁丝仿造出的角石神韵十足。

5mm×5mm

8

周一

周二

周三

周四

周五

周六

周日

南
春
古

Veronica persica

阿拉伯婆婆纳

玄参科婆婆纳属铺散多分枝草本植物，花期3–5月，为常见的春季野花。原产于欧洲和亚洲西部，我国在1933年首次采于湖北武昌。

9

周一

周二

周三

周四

周五

周六

周日

南
春
古

Eucommia ulmoides

杜仲

杜仲科杜仲属落叶乔木，早春开花，秋后果实成熟，为我国特有的珍贵树种，主要分布在长江中下游及南部各省，其树皮为珍贵滋补药材。

10

周一

周二

周三

周四

周五

周六

周日

Forsythia viridissima

金钟花

木樨科连翘属落叶灌木，小枝呈四棱形，具片状髓，花先于叶开放，花期 3–4 月。

Pittosporum tobira **海桐** 海桐花科海桐花属常绿灌木或小乔木，二年生，花期 3–5 月，果熟期 9–10 月。长江流域及其以南各地庭园多见栽培观赏。

11

周一

周二

周三

周四

周五

周六

周日

南
春
古

紫藤

Wisteria sinensis

豆科紫藤属落叶攀援缠绕性大藤本植物。民间人们常采紫藤花蒸食，清香味美。北京的“紫萝饼”和其他地方的“紫藤糕”“紫藤粥”及“炸紫藤鱼”等，都是加入了紫藤花做成的。

紫藤挂云木，花蔓宜阳春。
密叶隐歌鸟，香风留美人。
——唐·李白《紫藤树》

5mm×5mm

12

周一

周二

周三

周四

周五

周六

周日

南
春
古

“大楼”并不大，仅两层，为前中央研究院地质研究所旧址，现为古植物学与孢粉学研究室和微体古生物学研究室的办公大楼。大楼建于 1931 年，由著名建筑学家杨廷宝设计。大楼依山而建，屋顶蓝色的琉璃瓦与周围树木融为一体。

stromatolite
叠层石

由蓝藻等低等微生物所建造的有机沉积结构。因纵向上呈同心状叠层结构，故名。该叠层石形成的时代为距今 10 亿年左右。

13

周一

周二

周三

周四

周五

周六

周日

Akebia quinata

木通

木通科木通属落叶木质藤本，分布于中国长江流域各省区，味甘、性微寒，有治疗心烦尿赤、淋病涩痛、水肿尿少、乳汁不下的功效。

Haplocladium sp .

小羽藓

羽藓科小羽藓属，为苔藓家族中绚丽多彩的一员，在不同的季节展现出不同的魅力。

Corydalis edulis

紫堇

罂粟科紫堇属一年生灰绿色草本植物，高可达50厘米，花粉红色至紫红色。3–4月开花，4–5月结果。生于海拔400–1200米的丘陵、沟边或多石地。

14

周一

周二

周三

周四

周五

周六

周日

南
春
古

东风袅袅泛崇光，香雾空蒙月转廊。
只恐夜深花睡去，故烧高烛照红妆。

——宋·苏轼《海棠》

Malus micromalus

西府海棠

蔷薇科苹果属小乔木，又名小果海棠，据说是因晋朝时生长在西府而得名。海棠是中国对一些植物的俗称，分西府海棠、贴梗海棠、垂丝海棠、木瓜海棠、四季海棠等多种。在分类学上，这些海棠属于不同的科或属。海棠花是我国的传统名花之一，自古以来一直是雅俗共赏的名花，素有“国艳”之誉。大文豪苏轼也为之倾倒，写下“只恐夜深花睡去，故烧高烛照红妆”的诗句，因此海棠的雅号为“解语花”。

南古夏至

石榴肥了，枇杷熟了，『绿树荫浓夏日长』。中楼的绿色琉璃瓦与浓密的树冠融为一体，大楼的蓝色琉璃瓦则在翠绿中熠熠生辉，浓密的树荫为酷暑中的人们带来丝丝凉意。步入小院，一种远离尘嚣的宁静，为心灵营造出一片悠然的闲适。

夏

15

周一

周二

周三

周四

周五

周六

周日

南
夏
古

Paeonia lactiflora

芍药

芍药科芍药属多年生草本植物，位列“十大名花”之一，被人们誉为“花仙”和“花相”，又称“五月花神”。因自古就作为爱情之花，现已被尊为七夕节的代表性花卉。

丈人庭中开好花，更无凡木争春华。翠茎红蕊天力与，此恩不属黄钟家。
温馨熟美鲜香起，似笑无言习君子。霜刀翦汝天女劳，何事低头学桃李。
娇痴婢子无灵性，竞挽春衫来此并。欲将双颊一睎红，绿窗磨遍青铜镜。
一尊春酒甘若饴，丈人此乐无人知。花前醉倒歌者谁，楚狂小子韩退之。

——唐·韩愈《芍药歌》

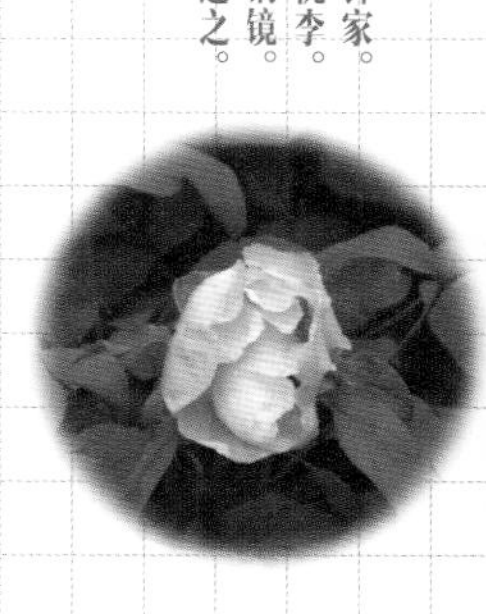

凡卉与时谢，妍华丽兹晨。欹红醉浓露，窈窕留馀春。
孤赏白日暮，暄风动摇频。夜窗蔼芳气，幽卧知相亲。
愿致溱洧赠，悠悠南国人。

——唐·柳宗元《戏题阶前芍药》

5mm×5mm

16

周一

周二

周三

周四

周五

周六

周日

南
夏
古

Nandina domestica

南天竹

小檗科南天竹属常绿小灌木，果期 8–12 月，各地庭园常有栽培，为优良观赏植物。南天竹的根、叶具有强筋活络、消炎解毒之效，果可做镇咳药，但食用过量有中毒之虞。

17

周一

周二

周三

周四

周五

周六

周日

南
夏
古

水杉

Metasequoia glyptostroboides

落叶乔木，柏科水杉属唯一现存种，为中国特有的孑遗树种，有植物王国“活化石”之称。

18

周一

周二

周三

周四

周五

周六

周日

南
夏
古

Michelia figo

含笑

木兰科含笑属常绿灌木，也称含笑花，花期 3–5 月，原产于华南南部各省区，生于阴坡杂木林中，现广植于全国各地。本种花开时，含蕾不尽开，故称“含笑花”。含笑花有水果的甜香，花瓣可拌入茶叶制成花茶，亦可提取芳香油和供药用。

立碗藓

Physcomitrium sp .

葫芦藓科立碗藓属，多生长于林缘、路边、田边地角、土坡等处，也见于较湿的砖墙及石壁上。

19

周一

周二

周三

周四

周五

周六

周日

南
夏
古

Euonymus japonicus

冬青卫矛

卫矛科卫矛属灌木，园艺中常被称为大叶黄杨，花期 6–7 月，果熟期 9–10 月。最先于日本发现，后引入中国栽培，多用于观赏或作绿篱，我国南北各省区均有栽培。

构树 *Broussonetia papyrifera*

桑科构属落叶乔木，中医上称其果为楮实子、构树子，与根共入药，有补肾、利尿、强筋骨之效，韧皮纤维可作造纸原料。

Argutastrea
锐星珊瑚

腔肠动物珊瑚化石。锐星珊瑚生活在约 3.8 亿年前的温暖浅海，群体固着于海底生长。古代珊瑚礁是生油、储油的重要地层体。

20

周一

周二

周三

周四

周五

周六

周日

南
夏
古

乳鸭池塘水浅深，熟梅天气半晴阴。
东园载酒西园醉，摘尽**枇杷**一树金。

——宋·戴敏《初夏游张园》

细雨茸茸湿楝花，南风树树熟**枇杷**。
徐行不记山深浅，一路莺啼送到家。

——明·杨基《天平山中》

Eriobotrya japonica

枇杷

蔷薇科枇杷属常绿小乔木，花期 10–12 月，果期翌年 5–6 月，为美丽的观赏树木和果树。果味甘酸，供生食、做蜜饯和酿酒用；叶晒干去毛，可供药用，具有化痰止咳、和胃降气之效。

21

周一

周二

周三

周四

周五

周六

周日

南
夏
古

Cyclosorus acuminatus

渐尖毛蕨

金星蕨科毛蕨属蕨类植物，多生长于林下、沟边、路旁或者山谷的阴湿处。左图为叶片的局部放大图，叶脉处可见清晰的孢子囊。

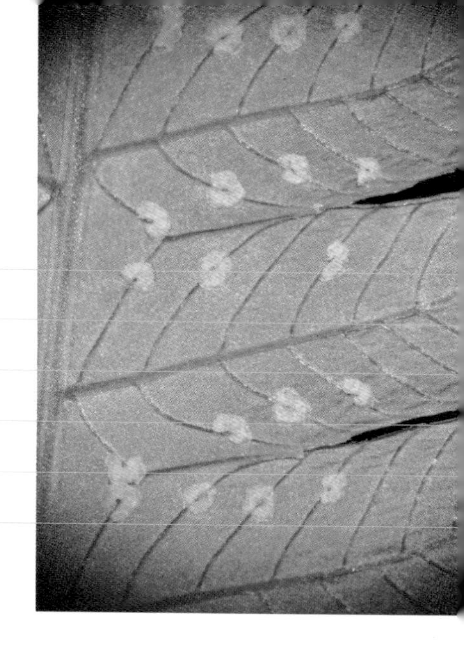

22

周一

周二

周三

周四

周五

周六

周日

南
夏
古

Lygodium japonicum

海金沙

海金沙科海金沙属多年生攀援性蕨类植物，为常用中药材之一，有清利湿热、通淋止痛、利水消肿之效。

5mm × 5mm

Favosites

蜂巢珊瑚

腔肠动物珊瑚化石。块状群体，各个体角柱状彼此相连，状如蜂巢。蜂巢珊瑚生活于约 4.2 亿年前的浅海。

23

周一

周二

周三

周四

周五

周六

周日

南
夏
古

Moorstone

花岗岩

此为三峡大坝坝基所在的基岩，为闪云斜长花岗岩，强度高，新鲜岩体的透水性微弱。

Taraxacum mongolicum

蒲公英

菊科蒲公英属多年生草本植物，别名黄花地丁、婆婆丁，在江南地区被叫作华花郎。有利尿、缓泻、退黄疸、利胆等功效，可生吃、炒食、做汤，是药食兼用的植物。

24

周一

周二

周三

周四

周五

周六

周日

南
夏
古

Photinia serrulata

石楠

蔷薇科石楠属常绿灌木或中型乔木，主产于长江流域及秦岭以南地区，富有观赏价值。

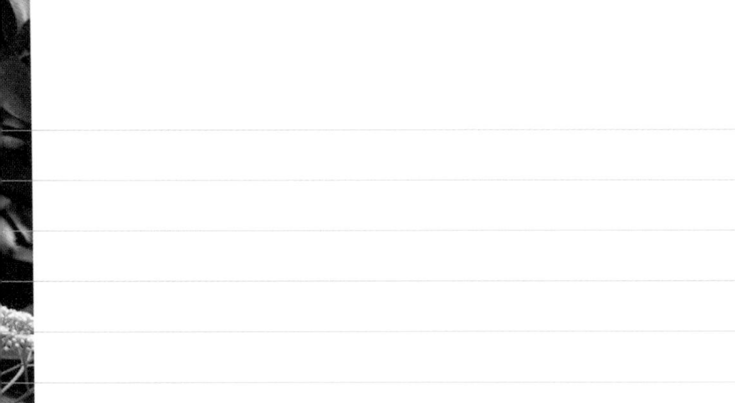

25

周一

周二

周三

周四

周五

周六

周日

广玉兰 *Magnolia grandiflora*

木兰科木兰属常绿乔木，由于其花大且形似荷花，故又称“荷花玉兰”。广玉兰叶厚而有光泽，花大而香，树姿雄伟壮丽，为珍贵的绿化树种之一。

“中楼”比“大楼”高，为仿明清宫殿式的民国建筑。中楼为前中央研究院历史语言研究所旧址，现为现代古生物学和地层学国家重点实验室及古无脊椎动物学研究室的办公大楼，建于1936年。中楼的设计者为建筑界泰斗杨廷宝先生。

26

周一

周二

周三

周四

周五

周六

周日

南
夏
古

Camptotheca acuminata

喜树

蓝果树科喜树属一种高大的落叶乔木，系中国所特有，是优良的行道树和庭荫树。1999 年 8 月，喜树被列为第一批国家重点保护野生植物，保护级别为Ⅱ级。

Camptotheca acuminata

鹗头贝

腕足动物化石。贝体较大，横卵形至长卵形，两壳双凸，因其喙部形似鹰嘴，故名。该化石产于广西，距今 3.7 亿年左右。

27

周一

周二

周三

周四

周五

周六

周日

Pteris multifida

井栏边草

凤尾蕨科凤尾蕨属蕨类植物，多生长于墙角、井边等温暖湿润和半阴环境。

南古秋降

桂花飘香了一段时间后，法桐叶黄了，银杏叶也黄了，风一吹，落叶飘飞，秋黄满地。枫杨一串串的翅果和银杏外包肉质皮的种子，在汽车的轮胎下发出『喀吧喀吧』的响声，法桐的球果挂满了枝头，等待来年开裂，散播种子。

秋

28

周一

周二

周三

周四

周五

周六

周日

Cyrtomium fortunei

贯众

鳞毛蕨科贯众属多年生蕨类植物，叶丛生，根茎可供药用，有杀虫、清热、解毒、止血等作用。

29

周一

周二

周三

周四

周五

周六

周日

榴枝婀娜**榴实**繁，榴膜轻明榴子鲜。
可羡瑶池碧桃树，碧桃红颊一千年。

——唐·李商隐《石榴》

五月**榴花**照眼明，枝间时见子初成。
可怜此地无车马，颠倒青苔落绛英。

——唐·韩愈《榴花》

Punica granatum 石榴

石榴科石榴属落叶小乔木或灌木，花期 6–8 月，果期 9–10 月。据记载，原产于波斯一带，由张骞从西域引入。晋·张华《博物志》中说：“汉张骞出使西域，得涂林安石国榴种以归，故名安石榴。”

30

周一

周二

周三

周四

周五

周六

周日

石蒜

Lycoris radiata

石蒜科石蒜属多年生草本植物，是东亚常见的园林观赏植物，冬赏其叶，秋赏其花。

31

周一

周二

周三

周四

周五

周六

周日

南
秋
古

Chlorophyllum molybdites

绿褶菇

蘑菇科青褶伞属大型真菌，成长时蕈伞先是白色再渐变成浅土色，直径约十多厘米，菌柄可高达 15 厘米，菌褶幼时白色，成熟后渐成灰绿色，此即名字绿褶菇的由来。夏天至秋天常在草地上成群出现。绿褶菇是一种常见的剧毒蘑菇，误食后会引起胃肠炎型中毒症状。本菌有较多的相似种，特别是与可食的高大环柄菇相混淆，具有很强的欺骗性。

32

周一

周二

周三

周四

周五

周六

周日

Cycas revolute

苏铁

苏铁科苏铁属，俗称铁树。一说是因其木质密度大，入水即沉，沉重如铁而得名；另一说是因其生长需要大量铁元素，故而名之。

吴浙间尝有俗谚云：

见事难成，

则云须**铁树**开花。

——明·王济《君子堂日询手镜》

5mm×5mm

33

周一

周二

周三

周四

周五

周六

周日

Ginkgo biloba

银杏

银杏科银杏属落叶乔木，果实俗称白果，因此银杏又名白果树。银杏为中生代孑遗的稀有植物，堪称活化石，系中国特产，仅浙江天目山有野生状态的树木。

34

周一

周二

周三

周四

周五

周六

周日

蝙蝠虫 *Drepanura*
蝴蝶虫 *Blackwelderia*

节肢动物三叶虫化石。蝙蝠虫和蝴蝶虫分别因它们的尾部形似蝙蝠和蝴蝶而得名。它们均生活在 5 亿年前的海洋。

左之楼
李四光旧居

“左之楼”为两层民居，为李四光旧居，其名源于中国地质学家叶良辅先生。叶良辅（1894－1949），字左之，杭州人。

35

周一

周二

周三

周四

周五

周六

周日

5mm × 5mm

Acer palmatum

鸡爪槭

槭树科槭属落叶小乔木，其叶形美观，入秋后转为鲜红色，色艳如花，灿烂如霞，为优良的观叶树种。

36

周一

周二

周三

周四

周五

周六

周日

5mm×5mm

Sinoceras

震旦角石

软体动物头足类化石。壳体呈圆锥形，因纵切面状如塔，故俗称“宝塔石”“竹笋石”等，是中国特有的化石之一。该软体动物善游泳，个体可长达 2 米以上，生活于 4 亿多年前的海洋。

37

周一

周二

周三

周四

周五

周六

周日

南
秋
古

Ophiopogon japonicus

麦冬

百合科沿阶草属多年生常绿草本植物，是中国第一部药物学著作《神农本草经》中记载的上品药物，同时，也是一直被人们称为“生于阶沿，用为上品”的养生佳品。具有滋阴生津、润肺止咳、清心除烦的功效，故又被称为“不死药”。

38

周一

周二

周三

周四

周五

周六

周日

39

周一

周二

周三

周四

周五

周六

周日

Sabina chinensis

龙柏

柏科圆柏属常绿乔木，在庭园中用途极广，不仅可以作绿篱、行道树，还可以作桩景、盆景材料。

Mud clack

泥裂

又称干裂、龟裂纹，是指泥质沉积物或灰泥沉积物因暴露干涸、收缩而产生的裂隙，在层面上呈多角形或网状龟裂纹，可指示岩层顶底面。

40

周一

周二

周三

周四

周五

周六

周日

Platanus acerifolia

二球悬铃木

悬铃木科悬铃木属落叶大乔木，是 17 世纪英国人用三球悬铃木 *P. orientalis* 与一球悬铃木 *P. occidentalis* 杂交而成的，法国人最早将其带到上海，栽在霞飞路上，故常被人们称为“法国梧桐”，其实并非梧桐。

南古冬临

当枫杨、法桐、喜树、白玉兰等的叶子落尽的时候，雪松、海桐、黄杨、广玉兰等则愈冷愈显苍翠了。不期而遇的大雪，一夜间令高高的飞檐、路旁的化石，以及沱江龙都披上了厚厚的银装。

冬

41

周一

周二

周三

周四

周五

周六

周日

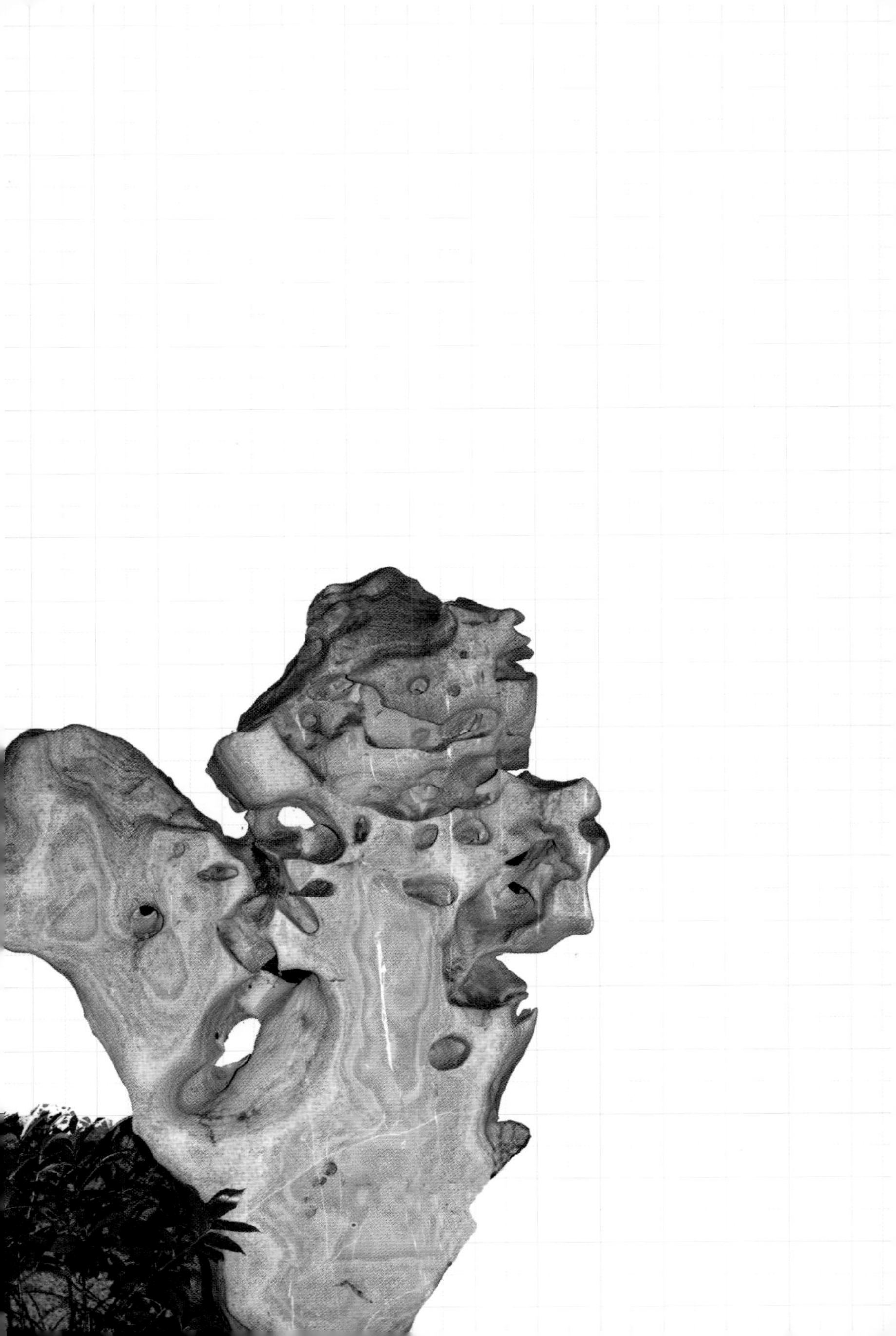

Taihu stone

太湖石

又名窟窿石、假山石，中国古代著名的四大玩石、奇石之一，因盛产于太湖地区而古今闻名。太湖石是由石灰岩遭到长时间侵蚀后慢慢形成的，分水石和干石两种。水石是在河湖中经水波荡涤，历久侵蚀而缓慢形成的。干石则是在酸性红壤的历久侵蚀下而形成的。

42

周一

周二

周三

周四

周五

周六

周日

Cedrus deodara

雪松

松科雪松属常绿乔木，树冠尖塔形，树形极其优美，是华中、华东地区著名的城市庭园景观树。

43

周一

周二

周三

周四

周五

周六

周日

Armeniaca mume 梅

蔷薇科李属落叶乔木，原产于中国南方，已有 3000 多年的栽培历史。在《群芳谱》中，梅花位列“花魁”，更分别与兰、竹、菊和松、竹有”花中四君子”和“岁寒三友”的美称。

墙角数枝**梅**，凌寒独自开。
遥知不是雪，为有暗香来。

——宋·王安石《梅花》

众芳摇落独暄妍，占尽风情向小园。
疏影横斜水清浅，**暗香**浮动月黄昏。

——摘自宋·林逋《山园小梅》

44

周一

周二

周三

周四

周五

周六

周日

南
冬
古

瓦松

Orostachys fimbriatus

景天科瓦松属二年生草本植物，生长于石质山坡和岩石上及瓦房或草房顶上，具有良好的观赏应用价值。

45

周一

周二

周三

周四

周五

周六

周日

Trachycarpus fortunei
棕榈

棕榈科棕榈属常绿乔木状植物，树干圆柱形，被不易脱落的老叶柄基部和密集的网状纤维，通常仅见栽培于寺旁，罕见野生于疏林中。未开放的花苞又称“棕鱼”，可供食用。

46

周一

周二

周三

周四

周五

周六

周日

Chimonanthus praecox

蜡梅

蜡梅科蜡梅属落叶灌木，花期 12 月至翌年 2 月，花芳香美丽，是园林绿化植物。因蜡梅大多会在腊月开，故很多人都一直错误地将蜡梅的“蜡”误用成“腊”，而这种误用也逐步被人们认可，所以变成了“腊梅”。其实蜡梅以前一直是“虫”字旁，古代文献上都有记载。

据王世懋《学圃余疏》考证，在宋哲宗元祐年间 (1086–1094 年)，一代文豪苏东坡和黄山谷因见黄梅花似蜜蜡，遂将它命名为“蜡梅”，说它“香气似梅，类女工撚蜡所成，因谓蜡梅”。由此蜡梅名噪一时，鼎盛于京师。后来诗家在咏蜡梅诗时，常在“蜡”字上下功夫，如“蝶采花成蜡，还将蜡染花”等。

47

周一

周二

周三

周四

周五

周六

周日

南
冬
古

Atrypa

无洞贝

腕足动物化石，为两枚壳瓣的海洋无脊椎动物，两枚壳瓣大小不等，每枚壳瓣左右对称。无洞贝的时代距今 3.5 亿年左右。

48

周一

周二

周三

周四

周五

周六

周日

南
冬
古

Lagerstroemia indica

紫薇

千屈菜科紫薇属落叶灌木或小乔木，别名痒痒树，花色鲜艳，花期长，寿命长，现已广泛栽培作为庭园观赏树，有时亦作盆景。

似痴如醉丽还佳，露压风欺分外斜。
谁道花无红百日，**紫薇**长放半年花。

——宋·杨万里《凝露堂前紫薇花两株每自五月盛开九月乃衰》

49

周一

周二

周三

周四

周五

周六

周日

南
冬
古

前中央研究院历史语言研究所 1928 年成立于广州，先后辗转北平、上海等地，1934 年“定居”南京，1936 年搬入现中国科学院南京地质古生物研究所、现代古生物学和地层学国家重点实验室所在的大楼办公，旋即迎来其历史上最重要的一项使命——殷墟甲骨“YH127 坑”室内发掘。

多棘沱江龙

Tuojiangosaurus multispinus

生活于侏罗纪的剑龙科恐龙，化石发现于中国四川自贡。

50

周一

周二

周三

周四

周五

周六

周日

南
冬
古

Traumatocrinus

创孔海百合

棘皮动物海百合化石，分为冠部（由萼和着生在萼上的腕组成）、茎和根三部分，均由各种骨板组成。创孔海百合生活的时代距今 2.4 亿年左右。

51

周一

周二

周三

周四

周五

周六

周日

南
冬
古

52

周一

周二

周三

周四

周五

周六

周日

南
冬
古

53

周一

周二

周三

周四

周五

周六

周日

南
冬
古

Parafusulina
拟纺锤蜓

原生动物蜓类化石。“蜓”字是南古所第一任所长李四光所创，蜓类是一种现已绝灭的海生单细胞动物，是确定和划分石炭－二叠纪地层的重要化石之一。拟纺锤蜓生活的时代距今 2.7 亿年左右。

古　院

深
深

中国科学院南京地质古生物研究所地图

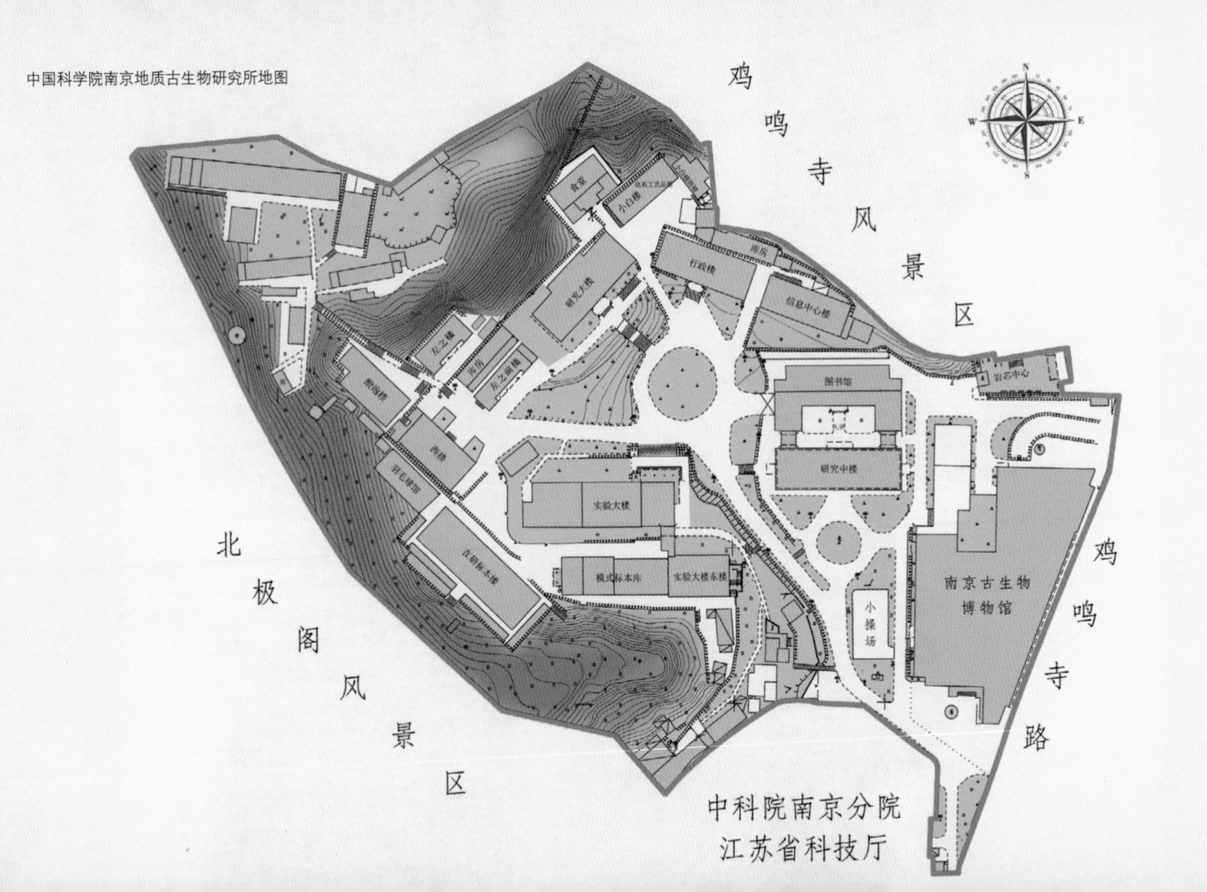